KB126541

기분을 다 써 버린 주머니

황려시

2015년 『시와 세계』를 통해 시인으로 등단했다.

시집 『사랑, 참 몹쓸 짓이야』 『여백의 시』 『머랭』 『기분을 다 써 버린 주머니』를 썼다.

파란시선 0140 기분을 다 써 버린 주머니

1판 1쇄 펴낸날 2024년 5월 15일
지은이 황려시
인쇄인 (주)두경 정지오
디자인 이다경
펴낸이 채상우
펴낸곳 (주)함께하는출판그룹파란
등록번호 제2015-000068호
등록일자 2015년 9월 15일
주소 (10387) 경기도 고양시 일산서구 중앙로 1455 대우시티프라자 B1 202-1호
전화 031-919-4288
팩스 031-919-4287
모바일팩스 0504-441-3439
이메일 bookparan2015@hanmail.net

ISBN 979-11-91897-76-0 03810

값 12,000원

기분을 다 써 버린 주머니

황려시 시집

시인의 말

비 오는 날 뒤뜰에 묻은 기분과
이젠 다 써 버린 주머니 속 기분
출렁이던 말들은 소진되었디

그새 아이비 넝쿨은 두 시 반이고
난 아직 돌아오지 않았다

차례

제1부

늘어나는

　그러니까 맨 끝에서 밥을 먹었지 키 작은 탓에 몽돌과 같이 놀았지 묵찌빠를 하면 더 자랄까

　바지에 접어 넣은 끝단추처럼 잃어버린 3센티를 찾을 수 있겠니 눈썹까지도 볼 수 있는 키높이 구두를 샀거든

　더 길어진 팔로 커피포트 스위치를 올린다 G7 커피는 포트 안에서 터키 여자와 방언을 하고 나는 손을 뻗어 내 편 아닌 모든 밖을 더듬는다

　자꾸 늘어나는 손가락과 멀어진 몽돌의 성장판이 흩어지기도 하지

　나는 서서히 많아지고

　수도꼭지를 틀면 직립으로 키 크는 소리
　긴 복도에 돌 구르는 소리

밥 먹는 밥

전기밥솥이 고장 났다 하루 한 번 취사 버튼을 누르고 기다린다 애먼 데로 새는 수증기를 보며 아는 형님을 생각한다 선배가 형이 되고 형이 애인이 된 방식으로 밥솥은 우물쭈물 보온으로 바뀐다 익기를 거절하는 다정한 방식으로 뜸을 들인다

밥이 밥을 먹으면 입은 두 개가 되지 원 플러스 원 다 참아도 배고픈 건 못 참던 애인이다가 남편 된 선배가 주민센터 열람실엔 아직도 살아 있어 그 세상은 얼마나 클까 참을 수 없이 배는 부를까

맛있는 백미밥이 완성되었습니다 잘 저어 주세요

애인이 등본에서 돌아왔다는 아이를 낳았다는 뜬소문이 설익은 밥을 먹는다

一

날마다 여자

그래요 난 성급해요 잦은걸음을 걷는, 밥을 빨리 먹어 치우는 전족처럼 뒤뚱거려도 웃지 말아요 때론 멀리 뛰어요 연과 연이 너무 멀어요 텀블러 두 개 하나는 생강차를 또 하나는 핫초코를 온도가 심해져요 어제의 생각을 이야기해요 띄엄띄엄 가시고기 문장이 되려 해요 혈액형 O를 포스트잇했나요 시에도 혈통이 있나요 아버지의 아버지 이름을 지어다가 뼈대를 세우고 등껍질이 얇은 내림 꽃을 피워요 바람이 키운 사슴벌레가 있나요 그림자가 날 붙들고 있어요 진한 와인의 입술 거기에 반짝! 이런 청초한 시를 보았나! 여자 여자 해요

모월 모시

一 다급해진 수수밭엔 앉을 치마가 없어

오줌 맛을 본 뱀은 수숫대가 달다고 소문을 낸다네 스르륵

제 살을 다 먹어 치운 안개는 헛웃음만 드러내지

빨간 다리를 든 뱀파이어야 바닥을 보이며 짠 하고 웃어라

트윈인지 싱글인지 내 침대를 건드리기만 해 봐 급소를 알아내면

안 잡아먹지 아니 잡아먹히지

안개를 밀어내고 놀러 와 초과한 우리의 말로 빵을 만들자

지문이 비늘 같은 뱀의 허리로 고백할게

수수밭엔 아직도 덧니 같은 체위가 있어

一 그것도 총천연색으로

방

입술이 둥글게 불러 주는 이름 방과 밤은 비슷하다 톡을 보내고 삼 분 메일을 기다리는 삼 일은 어두워서 편한 방

눈을 감지 않아도 된다 불을 끄면 여기부터 밤이다 우윳빛 조명등은 잠시 눈치를 보다가 발발거리는 귀신과 한데로 사라진다

밤을 말하는 사람과 방이 말하는 사람을 행인 1 행인 2라고 적는다 창을 열면

바랭이 풀밭 같은 방이 밖에도 있다 19층이 빽빽하다

팔찌

—

약속할 수 있어? 크게 대답할걸 그랬다
날 믿니? 끄덕여 줄걸 그랬다

손바닥을 마주 대본다 한 손은 크고 닮지 않은 손금은 왜
나무에 오르는 거니 손목 이야기만 한결같다 비슷한 것은
문득 손금과 이파리다 비끼리 만나 비가 되는 그 비가 내
안에 있다 약속의 감정으로 유리잔이 깨졌다고 한다 팔꿈
치를 펼 때마다 나무는 자라고 긴 손가락은 끄덕끄덕 시인
했다

그사이 너는 지구를 한 바퀴 돌고 왔어 연명치료를 거부
하고 깔끔하게 웃고 자려 한다 나는 나무처럼 서서 이파리
를 쏟아 내고 팔찌를 풀었다

—

비누, 미끄러운 방식

척추 세 번째 마디와 네 번째 마디에 뱀을 키우는 여자는
뱀 잡는 이야기를 한다

혀가 문제야

잊을 만하면 똬리를 틀고 대가리를 쳐들고 한의사 장침
이 무효라고 독을 품는다네 사람이나 동물이나 꼬리를 감
추면 섬뜩하지 길면 더 소름이지

샤워할 때 손목의 스냅을 주의할 것
거품이 거품끼리 미끄러지는 비누를 놓쳤다 비상구에 이
빨을 걸친 놈이 욕실 천장에서 키득키득 비웃고 있다

엎드려 주워 봐

뿌드득 뼈 깎는 소리로 태엽을 감는다

등허리 처마 밑에 손을 넣다가 새알 하나 주면 스르르 사
라지는 뱀 두 마리가 척추 3번과 4번에 산다

절분초

一

겨우 손가락 크기로 바람을 키운다 너도바람꽃 꽃이라 부르기엔 좀 작고 바람이라 부르기엔 너무 작은 미나리아재비과 얼음 속에서 먼저 나와 복수초를 데려오는 바람잡이

절기를 나눠 준다는 절분초를 위해 이월의 볕이 서재 창틀에 앉아 있다 거기 서쪽 창문은 삥 둘러 해만 따라다녔다

어둔 담벼락에서 고양이 곡소리가 들린다 내 헛기침도 소용없다 쓰다 남은 로션 병을 고양이 쪽에 던졌다 쥐 죽은 소리가 났다 그제야 화장을 지우고 세수를 한다

안갯속에선 불빛도 번지지 표면이 희미해도 어둠보다는 옳다 낯설지 않은 샛바람을 지나 하얗게 핀 너도바람꽃이 수상하다

오늘 새벽 조카는 예쁜 딸을 낳았다

一

나를 옮기다

퇴근길 졸던 잠이 옷장에서 자고 있다 베이지색 원피스에 검정 양말을 뒤집어 신은 적이 있습니까 내일은 검정 카디건 위에 원피스를 입어도 좋겠지요

옷걸이에 걸린 왼쪽 소매가 모기에 물렸다 나는 축 늘어져 긁고 다시 내게로 온다 수시로 온다 어깨가 맞닿는 거기

장해와 장애를 구별한다 참 슬픈 일이야 팔을 펴서 싱크대 아래 불편을 꺼낸다

꾹 찍어 맛보는 힘인지 짐인지 얼음 땡 팔이 움직이지 않는다 나는 어디서나 만들어질 수 있어 어깨 넓은 플라스틱 근육이 나를 기어코 옮긴다

서로 다른 두 개를 하나로 쓰면 어떨까

1.

쪼매만한 박쥐를 만들 수 있다 종이접기로
방은 온통 천장에 붙어 있지
테라스가 흔들리고 다리 하나를 전선에 걸치고
바닥이 날기도 한다 비막이니까
소리가 먼저 늙은 귀뚜라미는 보일러 안에서 보일러가
되고
물 바닥에 알을 품던 강아지와 차 끓이던 박쥐가 그물을
차고 오른다
시가 나를 쓴다 바닥이란 제목으로

2.

아무래도 머리를 잘라야겠다
인형 뽑기만 하면 긴 머리카락이 먼저 잡힌다
언제부터 인형이 되었을까
나는 머리를 자르면 사람이 될까
하수구를 막겠지 머리카락이
이미 물 건너간 물이 되어 네게서 남자가 보여

남자처럼 보인다는 말이니? 남자가 있냐고 묻는 거니?
배심원은 홀수여야 한다 기울기가 필요하니까
전화기가 꺼졌다는 멘트가 들린다
음성 녹음은 1번 전화번호를 남기시려면 2번

*물 바닥에 알을 품던 강아지와 차 끓이던 박쥐가 그물을 차고 오른다:
효봉의 오도송에서 시상을 가져왔다.

위대한 의자

바닥에 앉아 의자를 바라본다 180도로 누워 잠든 게이밍 의자다 던전에서 트롤과 힘겹게 싸웠다 파밍에 실패한 나는 이미 죽었고 자꾸 죽는다 게이밍 의자엔 무겁고 부푼 엉덩이 하나가 더 있다 엉치처럼 몰두한다 상대가 던진 다이너마이트에 팀 전체가 몰살당한다 에이, 씨팔! 누군가 소리 지른다

의자는 혼자 깨어 허리를 반으로 밀착하고 화살에 쓰러지고 다시 벼랑과 벼랑 사이를 날아다닌다 사랑하는 아바타를 등에 업고 꽃 한 송이를 받는다 살아야 하는데 살고 싶은 나는 괜찮아요를 낭비한다 세상의 모든 식탁이 괜찮아요를 먹을 때 욕을 먹는다 환상 속 유저들에게 덕목이라는 고급진 말은 없다 나는 외롭다고 문득 네게 톡을 보낸 거 같다 내 의자는 위대($胃大$)하다고 그래서 밥통이라고

나올래? 네게서 답이 왔다
다음에……
나는 얼른 청바지를 벗는다 가고 싶을까 봐

핑계

먼지가 된 바이러스는 문장의 단백질을 먹고 산다 어젯밤 써 놓은 A4 용지를 다 갉아먹고 똥만 싸고 갔다 너무 쉽게 너무 느리게 이어폰은 소리를 싹둑 잘라먹는다 사이키한 말을 왜 하다 말고 또 하는 거야 오늘은 뜻이 이루어질까 몇 번을 죽다 돌아와 처음으로 다시 사는 문장들이다 모자에 집중하는 날은 바람의 어깨가 가볍지 안경은 벗어도 좋아 대충이면 되니까 젖은 빨래는 볕을 따라다니지 사선으로 부유하는 블라인드 먼지도 볕 든 곳만 따라다니지 비밀인데 하며 일기장을 보여 준 네가 오고 있다 유리 항아리에 매실 장아찌를 담아 온다고 했다 나는 국만 끓여 놓고 앉아 있다 우리 집엔 밑반찬이 없어 말하지 않는다 입을 집에 두고 온 너는 맛난 걸 주면 놓고 온 입을 찾으러 간다 밤까지 있어 줄래? 너는 있다 정말 있다 너만 알고 있으라는 네 비밀은 모두가 알게 될 것이다 모두 네가 되어 머무는 동안 소문은 제 손톱을 갉아먹는다

뒤끝

　발냄새가 났다 씻지 않고 이불 속에 넣어 두고 나왔다 삐뚤어진 생각으로 비틀거리는 비와 저수지가 꼬이며 새는 것을 보았다 흐르는 것은 새는 것이어서 내가 줄줄 흐르고 있다 사과를 많이 먹어 두렴 말도 안 되는 말만 하며

　옛사람이 반송되었다 우편함이 바뀌었다고 한다 풍선초 넝쿨이 없어졌다고 한다 명랑한 실패 덕분에 우린 서로 침대를 건드리지 않는다

　뒤꿈치를 들면 몸이 잘 접히는 저녁 일곱 시, 난 아직 첫 끼를 챙기지 못했고 비스듬히 누운 두 개의 칫솔도 두 개씩 배가 고프다 누가 마셨더라 빈 잔에 깨톡 깨톡만 채우고

　그랬구나 우린 벌써 헤어졌구나

신발이 수상하다

끈이 헝클어진 신발은 읽을 수 없다 내 귀는 눈에 있어 독화술로 알아듣는다 발이 부풀어도 목소리를 낮춰 봐 가지런히 묶인 신발 끈이 세탁소에 가는 길이라고 말한다 한적한 곳은 신호등을 조심해 빨간불을 보지 못하는 눈이 있거든 1302호엔 내가 보지 못한 둥근 소리들이 가까이 다가가 눈으로 입술을 더듬는다

난 심심하면 자전거를 타지 스쿠터도 타고 돌아와 휴대전화로 문자를 보낸다 탄천에서 당신을 보았다고 마스크를 하고 있더군 어두울수록 전화기에 모인 빛은 다 내 거니까 샅샅이 내 거니까 보고 읽고 전부 다 보고 읽는다 산티아고 순례길에서 질질 나를 끌고 온 신발이 허기진 말에 눈을 기울인다

제2부

때매김

　잔다는 말과 잤다는 말이 종일 따라다녔다 가령으로 시작하지 않는 현재형은 가설이 아니다 넓고 그윽하다 동굴의 언어는 그렇게 시작되었다 여귀꽃처럼 담백해지리라 나는 소모되어 활성화될 예정이다 아이스크림은 점점 녹는데 과거는 언제나 감질난다 불투명하게 철거민의 음성으로 변론한다 잤다고 또 잤다고 자고 또 잤다고 시제(時制)를 따지는 사람은 말이 많다 밤의 허기를 채워 줄 잠은 되도록 어둡고 깊어서 먹히고 먹는다 그렇지 식욕의 과거형으로 잤다고 하면 된다

　나는 소진되고 바람이 조금 지나갔으나

견고한 우리

우리라는 말을 구해 준 우리, 맞지? 우리였지 나를 캐내려고 손톱이 다 해지고야 알았지 파양이 안 되는 질기디질긴 줄기였다는 걸 우리 사이에 물이 흐르고 있다는 걸

고구마 줄기처럼 껍질을 벗겨야 꺾을 수 있는 내 껍질은 고스란히 고집이라서 손톱이 까맣도록 벗겨야 우리에게 닿을 수 있다는 걸

실 좀 꿰어 봐라 바늘 내미는 엄마에게 긴 실을 귀에 걸어 주면 얼마나 시집을 멀리 가려고 핀잔하더니 엄마는 정말 멀리 가 버리고 난 그래 봐야 평택에서 서울인데 질긴 껍질로 우리에게 아직 닿지 못했는데

우리를 구해 준 우리, 맞지 우리였지

아버님 하나 엄마 하나 우린 아빠라고 부르지 못했지 제나이보다 빠르게 출가한 언니에게 도망가냐고 물었지 사랑이라고 쉽게 대답했어 비가 오고 있었다

미처 덮지 못한 장독 뚜껑이 우릴 기다렸어 달그락달그락

기다렸어 비는 자꾸 내리고 쌩쌩한 우리끼리 젖은 골목을
키웠어 해묵은 간장이 빗물에 넘치고 있었어

무고(誣告)

　내 시 한복판에서 낙상했다는 사람이 있다고 한다 그를 문병하려고 출판사에 다녀왔다 맘에 쏙 드는 둘째 문단 하필 거기서 미끄러지다니 편집장과 보상금을 의논했다 시 모두를 걸기로 했지 담장을 헐고 키보드의 표정을 버리기로 한다

　불길한 행보를 하던 내 공범 문장들은 다 숨었고 편집장과 나는 커피 하나에 두 개의 빨대를 꽂고 바늘귀에 낙타를 밀어 넣었다 품을 파느라 손목은 아직 휴식 중

　무엇으로 대신할 수 없는 힘줄 같은 행갈이 며칠 밤 몇 날을 두부만 먹었는데 그 벼랑에서 넘어지다니 빗금에서 마침표에서 독자는 해찰한 거야 빈 접시엔 화살표만 남았고

　낙상 주의 에스컬레이터 손잡이를 잡으세요

　넘어진 독자는 내 겨드랑이를 잡았는지 모르겠다 아니면 쌍방 과실이니 담장 밖 문서는 접어야겠다

　좋아하는 말만 집어먹는 문장들 편식인지 편집증인지 난

어디 가서 내가 약사라고 말하지 않는다 동일한 처방전에
마우스를 대고 삭제를 누른다

　혐의 없음 해방이다

수작 짐작 참작

—

　케이크를 샀다 생크림은 언제나 유익하지 양초가 울었다
울적하면 달달한 것과 수작한다

　식탁엔 금국이 피고 샛강이 흐르고 걸터앉는 습관으로
나는 풍경이 된다 손톱을 깎으며 붉은 낙타에게 가고 싶어
모래의 약도를 짐작하고 밤은 날마다 범이 된다

　케이크를 수저로 떠먹는 사람들이 모였다 그도 왔다 그
를 볼 때마다 잘 박힌 못이 생각난다 그는 울기 전에 살짝
웃는데 사막 같다

　인심 쓰는 척 참작할게 그가 말했다 케이크를 담고 크림
묻은 수저를 긁으면 사락사락 귀 없는 접시가 웃다가 다시
멍때린다 할 말께나 많은 나는 웃을밖에

—

자소서

숭어는 우리 집 강아지 이름입니다 어미 개 붕어가 낳았습니다 우리 개는 말띠입니다 백말띠 그해 첫새벽에 낳았습니다 숭어는 이력서를 읽을 수 없고

난 붕어의 경력을 모릅니다 횟집에서 숭어야 붕어야 부르면 배시시 구름 같은 털이 내게 안깁니다

개가 나와야 하는데…… 장마당에서 윷을 던지며 붕어 숭어 외치고 엉덩이를 탁 치면 반드시 원하는 대로 됩니다 두 마리 말을 업고 말판을 달립니다

입사 원서에 자기소개서를 쓰다가 나는 그만 잠듭니다 숭어의 배를 목에 두르고 따뜻해서 자꾸 삽니다 손목이 두 개인 나는 양띠입니다 키는 168입니다

지렁이

—

  비 그친 말복 오후 석촌호수 산책로에 초서로 남겨 놓은 이야기가 많다 이번 장마는 너무 길었다고 잠수교가 서너 번 잠겼다고 태풍 카눈이 한반도에 진입할 거라고…… 자신의 진액을 다 쏟아 낸 그가 누운 자리에 속기록이 남아 있다 휘갈겨 놓았다 듣지도 말하지도 않는 문장만 흘렸을 뿐 어떤 서체는 이미 지워졌거나 말라 있었다

  묵주 대신 온몸의 고리를 궁굴리며 젖은 길의 가로세로 치수도 적어 놓았다 전진밖에 모르는 오체투지로 이마는 일그러지고 생각 하나 나이테 하나 탈진한 전신은 흘림체 아닌 둥근 상형문자로 마무리된다 토룡이 하늘에 오르기엔 아직 비가 모자란다고 썼다

  공(空)이다

—

직립

    습관적으로 걷는 습관으로 상가 앞에 서 있다 블루밍꽃
집은 관념이고 키움부동산은 연습이다 금요일에는 시를
쓰고 '반론' 간판이 걸린 집에서 대패삼겹살을 먹고 일요일
에는 교회 앞에 서 있다 습관은 줄넘기 같아서 줄을 감는
손목 같아서 신발 끈을 채 묶지 않고 걷는다 압력솥은 보
온 중이고 나는 보도블록을 꼿꼿하게 센다 바람이 키워 놓
은 살구나무가 바람을 버린다 관념은 꼿꼿하지 열매를 남
기려고 열매를 버린다 씨유 세븐일레븐 생협 라온마트 도
대체 저 라면은 누가 다 먹는 걸까 식생활을 바꿔야 해요
쌈채소를 심는다 밥은 아직 보온 중이고 저녁엔 한 상 가
득 초록이 쌓인다 식탁에 지구가 솟는다

해가 짧아졌어요

카드 사용 내역서를 받았다 공과금도 카드로 결제했는데 주머니에서 물이 샌다 각종 청구서와 생협에서 산 다시마 영수증 건물 매매 기획사 명함도 젖어 있다 그중 기획사 명함은 조몰락 말린다 그와 통화하면 말이 끊기는데 말과 말 사이 그는 주머니에 손을 넣고 다리를 떨겠지 해가 많이 짧아졌어요 건물 얘기는 없이 전화를 끊는다 집에 돌아와 젖은 것들을 휴지통에 버린다 전화번호가 적힌 메모지도 버렸다 이제부터 수신 번호는 다 낯선 번호다 여보세요 여보세요 두 번만 하면 된다 나는 폰과 함께 있지 않다 가방 안에서 통화 연결음이 울리면 가방은 희미한 불빛이 남을 때까지 온화하다가 식을 것이다 주머니와 핸드폰과 젖은 쪽지들을 버리고 커피만 챙긴다 에스프레소도 식어 있기는 마찬가지 해는 짧아졌고 이제부터 확실한 것은 없다

어디까지 왔니

비밀은 이미 비밀이 아니다 그냥 만나서 하룻밤을 같이 지냈다는 거 해 지기 전 창틀의 줄장미가 와인보다 진해서 나 좀 어지러울 거라는 거 진짜 사람에게 기대 봤다는 거

산티아고 순례길에서 자축했다는 네 소식을 들었다 내 친구의 친구를 만나 밥만 먹었을 뿐이라고? 너를 표절하기 위해 네 친구의 친구와 밥은 먹지 않고 돌아오는데

여기저기 공사 중 막판까지 놀고 있네
돌아서고

새벽 세 시도 좋은데 하다 하다 다섯 시까지는 되는데 도마뱀처럼 납작 꼬리를 잘라 낸 수유역도 그렇고

내가 쓴 내 일기장을 보며 이거 네가 썼니? 자꾸 내가 아닌 거 같고 그럼 왜 왔니 우리 집에? 꽃 찾으러 왔니? 그냥 자고 자고 놀고

유리구두

—

　온종일 컵 씻는 일로 시간을 보냅니다 너무 예쁜 컵은 모으기도 합니다 지루하면 음악을 듣고요 이어폰은 늘 엉켜 있습니다 리듬은 매번 누수되고 신기(神氣)가 오지 않도록 주의합니다 내가 모르는 일을 알게 하시는 가짜 색을 파는 꽃병입니다 씻다 보면 너는 내가 처음 본 검정입니다 일곱 색의 혼돈이 또각또각 불량품을 씻으러 광장시장에 갑니다 은성회집을 지나 고씨네 순대와 무지개 몇 개를 먹으면 이미 검정은 달아납니다 조금 더 움직여요 깨진 유리가 빗소리로 바닥을 쓸며 뒤꿈치가 다 보이는 신발을 신어요

　미안합니다 나는 아직 돌아오지 않았습니다

　컵은 그 많은 물을 어떻게 비웠을까 다시 접시를 씻어요 음악을 들어요

—

이를테면

내가 너 되어 보는 것 서서 오줌을 누고 꼬리에 또 꼬리를 달고 죄송합니다 담뱃불 좀, 이를테면 730일을 일 년으로 청춘이 되어 보는 것 아브라함 나이에 애비가 되고 시외버스를 타고 시청 갑니까 낯선 곳으로 방향을 잡아 보는 것 이를테면 못 찾겠다 꾀꼬리 자발적 고독에 들어가는 것 야, 타, 콧대를 세우고 친구야 이왕이면 팔당대교나 건너보자 우리 티티새처럼 옷을 다르게 입고 미아를 찾아보자 벌써 어른이 된 네가 양수리 카페에 앉아 있을 거야 이를테면 뜬금없이 개똥지빠귀

시시콜콜

—

    아무것도 하지 않으면 뭔가 하느라 바쁘다 아침 식사는 거르고 입맛 없는 점심엔 너를 불러내지 안경을 코까지 내리면 미안하다는 뜻 너는 오렌지가 먹고 싶어 운동화를 빨고 식탁 의자 모서리를 닦고 오렌지가 먹고 싶으면 먹으면 되는 일 수상해요 오른쪽을 먹는데 왼쪽이 나와요 여덟 쪽을 냈을 뿐인데 우린 오렌지를 모르고 모르고를 모르고 왼쪽을 모르지 나는 네 얼굴 속으로 들어간다 당귤나무 냄새가 맹목적으로 흐르는 두 개의 입 그리고 구구단 7×9에서 귀신이 발을 걸었다

    앗, 브런치! 하마터면 아점을 놓칠 뻔했다

—

명명식

마데카솔은 그 풀에서 나왔지 더 센 호랑이에게 물린 호랑이가 상처에 문지르는 호랑이풀 어깨가 축 늘어진 식물도감을 본다

참새목 까마귓과인 까치는 제 이름을 알기나 할까 동물도감은 사람에게만 필요해 인중이 예쁜 데이지 꽃대를 자르면 목이 탄다 병풀 적설초 호랑이풀 같은 것의 다른 이름들 아호 필명 예명 시인들은 이름도 많지

몸이 무거워 슬픈 비둘기는 3킬로가 되고 더 슬픈 비둘기는 4킬로가 된다 불어 터진 날개 속으로 그냥 새라고 부르면 계문강목과속종 깃털처럼 날린다 앞뒤로 까딱까딱 걸어 다니는 아무개 씨 표절하지 않고 명료하게 부른다

말머리 없음

2호선 지하철 끝에서 두 번째 칸 체크무늬 가방엔 키 작고 눈 작은 시인의 시집과 유키토의 추리소설 『미로관의 살인』과 빨강과 검정이 교차하는 볼펜이 있다 그리고 정갈하게 썰어 놓은 현악기가 있어

손을 넣을 때마다 잎맥이 짱짱한 가방의 지퍼는 나무였다가 키 자랄 궁리만 하다가 발성법이 안 보이고 안 들리고 오직 들리고 말 못 한 것들은 다 손잡이에 몰려 있다

잠실이 다가오면 음폭이 넓어진 첼로 가방이 「자클린의 눈물」로 기울고 신발을 벗어 귀 하나를 더 달았다

사람들은 자꾸 웃었고 나는 계속 울었다

던질 필요 없다

　너무 일찍 도착했다 아직 입수할 때가 아닌데 뱉어 낼 봄
도 없는데 순두부는 간 없이도 입에 맞다 내 거위들아 네
척추를 유라시아에 두고 왔니 불안한 미래가 겸손을 맛보
는 것도 괜찮아 들키고 싶은 일기장은 고백록 같은 거였다
흑심이 진한 연필이 내 흑심(黑心)의 필통에서 서곡으로 흘렀
다 백지가 죽고 나서야 공소권 없음으로 끝나는 내 거위들
아 공작처럼 춤출 수 있겠니 척박한 땅일수록 라벤더는 진
한 향을 밀어내지 낙타초 가시를 씹은 목마름으로 나를 던
질 필요 없다 숨은 잘 쉰다 종착에 집착했던 날개 부스러기
들 돌멩이들 젖은 옷을 벗고 몸을 바꾸고 거위가 아닌 종이
비행기면 또 어떠니 던진다는 말을 던져 버리고 날려 보는
거지 오늘은 무조건 처음 만난 이와 웃어 보기로 한다

　내가 가 보지 않은 곳에서 푸들이 혀를 반쯤 내밀고 오고
있다

찐빵

一

그게 말이지 주무르기는 좀 그래
꾹 눌러 본다
안으로 싸고도는 집중이 앙큼해 앙금이 헤벌레 웃지
티베트여우의 볼때기처럼
잔뜩 바람을 물고 불러야 빵이 되는
일그러지면 더 어울리는 찐빵

미투에선 빵 냄새가 나지
둥근 공식 옆에 김빠진 농담이 있다
속을 보이지 않는 손이 흐물거리고 흔들리고
불의 정중앙을 모색하여
한입에 먹으면 더 뜨겁다
더라고 말하면 앙금이 녹아내린다

반으로 자르지 않고 같이 먹는 것은
통째로 먹는 거보다 더 빵 같다

一

제3부

음유시인

　라면을 먹기로 했다 강변 편의점에서 파라솔에 앉아 국물을 마시는 네 얼굴의 반은 모자였다 엉성한 수염과 광대뼈는 매끼 먹는 라면 탓이었니? 시를 쓰다 시로 걸어왔니? 공평하게 밥을 먹어 보자 네 편이 되지 못한 나는 북한강 녹조보다 무겁다 네게서 괜찮은 숱 많은 눈썹은 접속사 없이 앉아 있고 머리는 없어 몰두(沒頭)라고 읽는다 아직도 왼손잡이구나 서툰 젓가락질이 민망한데 조금 웃는 것으로는 모자라다 너는 게르를 짊어지고 다니지 비밀의 집에는 비밀이 많다지 너는 주머니 많은 옷에 여기 가만있는 나를 넣고 떠났다 길이 보이지 않으면 돌아와 널 미워하지 않을까 봐 걱정이다 여름이 한창이다

반계탕

—

　반계탕집에서는 삼계탕을 주문하면 반계탕 드릴까요 묻는다 절반이 통하는 집 오른쪽 눈을 감고 왼쪽으로 들어가야 하는 집 쌍화차집과 계단을 반씩 나누어 쓴다 들어가는 나무 계단이 등 굽은 닭처럼 엎드려 있다

　벗어서 미안해요 쪽방 뚝배기에 엎드린 영계는 뜨거운 김으로 몸을 가리고 충남 금산에서 왔다는 인삼을 배꼽에 꽂았다 세상에는 충청도 인삼도 많고 반계탕도 많다 소금에 찍으면 좀 더 깊어지는 식감으로 생전에 도라지 한 뿌리 먹지 못한 영계들아 날지 못해도 부라보! 넌 새야!

—

남자 사람 친구

잘 들어갔니 잠으로 너를 데려간다 네가 도착하는 동안 가장자리부터 익는 계란후라이처럼 카놀라유처럼 미끄럽게 잠꼬대를 하고 나무가 바람 대신 흔들리고 나는 하늘을 던지는 새가 된다

방을 징징거리던 냉장고는 화창한 날에도 비가 된다 던진 돌이 아무 데서나 쨍하고 금이 가는 겨울밤이 되기도 하는데 어젯밤 나는 죽었습니까 잠든 시간 만큼 살았습니다

우리의 생각을 한꺼번에 담을 수 있는 기분을 다 써 버린 주머니는 얼마나 클까 어디서나 앞질러 가는 너는 혀 같아서 어금니 같아서 만지작거리면 번지는 얼룩

백미러에 놓고 온 명징하지 못한 말꼬리 같아서

몸치

―

　어두울 땐 컵이 물을 먹는다 새끼손가락으로 휘휘 저으며 어두우니까 마신다 컵이 정갈해요 손님이 다 가고 테이블이 어두워지면 컵은 헐렁하게 물을 먹는다

　투명해서 충분한 마네의 누드가 물결로 흔들리고 한입이다 입이어서 조금씩 먹어 보는 것이다

　의자마다 온도를 덮고 여기서만 물인 물방울들아 오늘 밤만 우리끼리라고 하자 어디론가 번지려고 흘러 보자 아니 더 똘똘 뭉쳐 보자

　컵은 먹물을 담은 채 골똘하지

　허술한 의자는 울산 주전항의 몽돌과 캥거루가 되어 보고 건반을 누르며 목포는 항구다 비틀비틀 아침을 수리하고

　이제야 조금 빈 잔

―

감염

타일을 붙인다 하얗게 굳어지는 벽 자기들끼리 연결된다 편편하게 감염된다 타일러의 어깨는 근육의 비율을 생각 하지 질감이 다른 것끼리는 고쳐 쓰기도 한다

입이 다시 생기는 아침

하얀 마스크가 전철 안 다른 마스크와 연결된다 벽은 환해지고 벽을 따라 벽이 되고 지하철엔 서로 떨어졌다 붙는 하얀 입이 발 빠짐 주의 발 빠짐 주의

방에서 혼자 울고 있는 사람은 꾸덕한 시멘트에 마스크를 붙이고 손때를 묻히고 경계 없는 경계를 기다린다 도대체 언제까지야

벽에 기댄 하양은 흘러내리고 유배되고 타일공은 땀을 닦으며 고마웠습니다

격리 끝

어부바

─

  너의 얼굴엔 윤기가 흐른다 동네 사람이다 퇴장하기 위해 유명해지는 사람 네 시계탑엔 비닐이 걸려 있어 룽다처럼 바람에 나부낀다라고 썼다가 지우고 날린다라고 썼다 시계만 틀채로 건지면 한 그림자가 다른 그림자에 다가가 까망으로 뭉친다 스크래치는 껍데기 탓이어서 네 이름 표면에서 광택이 난다 어두울수록 밤에 손톱 깎지 말라는 할머니의 귀신 이야기는 행복하다 너는 많은 동그라미를 가지고 있구나 멍때리는 암호를 갖고 있구나

  번호 키를 자꾸 누른다 확률을 생각하며 네가 안에 있다면 왈칵 열었을 텐데 난 지금 누워 있고 네 집에 가 본 적 없고 네가 보고 싶고 그러나 들어갈 수 없다 일기장을 열면 너의 집은 버스 종점부터 시작된다고 써 있고 저쪽 끝에서 그림자를 앞세운 사람에겐 말을 걸지 않기로 한다 내가 유명해졌나요 시치미를 떼고

  우리 미술관에 가자 대관실이 터지게 생각만 남기고 오자 동네 사람 너는 미리 온 미래여서 내부가 커지고 있다 멍때리는 일은 행복하다 그윽하고 따뜻해서 잠실부터 읽던 페이지를 왕십리에서 넘긴다

─

이럴 땐 없다 없다 하면 될 것 같아 없어지고 있다

테라스

—

　건너편 텐즈힐 아파트는 하반신이 없다 절반의 바람이 빨래를 말리고 비에 녹지 않은 이불을 털고 있다 여기 오층 테라스엔 바퀴가 있어 우로 두 팔 그리고 서너 발 끌려 간다 아파트는 소나무만 키웠지

　가끔 할머니가 고개를 내밀고 흔들리는 난간을 붙잡고 있다 나는 테라스 창틀을 옆으로 늘였다가 조였다가 할머니의 세로만 본다 아예 사라질 수도 있다 바람은 불고 괜찮으십니까 신발 벗은 아파트 발가락엔 저녁이 오지 않고 계속 저녁이고

　창을 흔들면 붉은 물이 흐른다

—

가끔 기분을 씻는다

오늘 어땠어라고 물어봐 줘 오늘만 나는 나무젓가락을 반으로 갈라 양손에 흔든다 탁탁 먼지를 터는 볼펜 그리고 턱을 괸 노트북

물에 미끄러지면 다 비누겠니 저 거품마다 물이 들어찬 다면 물은 모두 비누가 아니겠니 생각은 퉁퉁 불어 소란하지 오늘은 주머니 없는 젓가락이 변신하고

얼굴이 하나씩 늘어난다 허리에 기별이 오면 아는 사람을 만나 오늘로 가자 말끔히 헹궈 낸 손등을 맞대면 뽀송한 체온이 대답하고 문득 겨울이다

미끄러우니 바닥을 조심하라는 기별이 온다

가래나무

새를 위해서 팔을 뻗으며 새를 위해서 흔들리며 다만 새를 하늘로 던지며 그 자리에 서 있다 서성인다

뛰어내려라

겁 많은 새를 위해서 고마움을 조금 모르는 새를 위해서 유모차를 끌고 그늘로 모이는 사람들

이파리 하나가 해의 턱선을 가리고 양팔을 접고 있다 눈 뜨고 자던 바람도 새를 위해서 그냥 새만을 위해서 더 큰 나무에 갇히고

나무는 두리번거리며 날개처럼 퍼드득거리며 잠든 새를 찾는다 어두워서 더 커지는 숲

숲은 새 속으로 사라진다

―

특선 메뉴

설렁탕을 먹기로 했다 점심시간은 조금 멀었는데 비가
오나요 아니요 아무도 우산을 받지 않았어요 너는 말했다
내려갈까요 우리는 18층에서 엘리베이터를 탔다 로비 회
전문에 빗물이 끼이고 빌딩 사이 우산들은 둥둥 떠다녔다
우리는 횡단보도를 건너지 못하고 가까운 돈가스집으로
뛰었다 비와 돈가스는 어울리지 않아 팔 토시를 끼고 온
너는 어색했다 뜨거운 국물이 먹고 싶었는데 내가 말했다
얼음 채운 주스 잔 표면에도 비는 내리고 네 접시는 소스
를 긁으며 우박 소리를 냈다 어느 비가 맛있나요 물을 마
시며 웃었다 건너편 편의점을 다녀오는 동안 비는 그치고
설렁탕집 장의자엔 아직도 기다리는 사람들이 번호표를
들고 전투병처럼 앉아 있다

오래된 물감

—

　냄비가 죽었다 벌떡 뛰던 뿔돔의 꼬리가 수상하고 지느러미도 화가 나 있었거든 목격자가 누군가요 설 죽은 냄비는 거품을 물었다 울진 앞바다는 죽은 냄비로 가득하다 비릿한 육즙을 흘리며 세 개의 냄비를 더 주문한다 전생을 바꾸기 위해 뿔 달린 돔을 부른다 너무 흔하게 만났던 불꽃은 아직 젊고 보란 듯이 안에 있는 것은 붉고 냄비는 죽어 간다 내장을 비운 채 납작하게 안녕 세 개의 냄비쯤 죽이기 좋은 날이지 입단속을 한다 우리는 헐렁하게 울진을 걷는다 아직 오늘이 되지 못한 걸음들은 다음에 보자 그냥 편하게 말한다 다음이란 말은 딱 부러지지 않아서 너는 아직 빠져나가지 못한 지느러미를 질질 끌고 걷는다

　냄비가 또 불을 뭉치고 있다

—

미션

　그 병엔 애당초 약이 없거나 병들지 않은 약만 있다 통증은 쪼그리고 앉아 깔 좋은 알약을 우러러보지 아픈 사람은 내게로 와서 시들지 않는 진통제를 찾는다 처방전 없이 스스로 호명하며 먹고 갈게요 은박지를 누르는 순간 아차 어디로 튀었지? 방향을 점치는 대리석 바닥에서 알약은 두리번거리겠지 나 잡아 봐라 웃겠지 우리는 의자 밑 여기저기 들여다보았다 그의 안경테는 잘 참고 있었다 결국 미션은 성공하지 못하고 나머지 두 알만 먹고 나간다 아픈 사람은 가볍게 문 열어도 닫는 소리가 크다

계단을 한 장씩 뜯어먹었다

계단을 오른다 나의 집인 것 같고 우리의 집인 것도 같다 계속 서 있는 계단은 계단이 아닐지 몰라 난간을 잡아 본다 네가 바쁘다고 했던가 폰에서 문자를 찾아본다 뒷굽이 접힌 신발을 바로 신을 시간은 충분하다 계단을 오르면 하루가 덜 된 하루가 거기서 절반을 씻고 있어 우리는 발목을 하나씩 날랐다 비밀번호의 냄새와 오류 횟수와 화살표가 한도를 초과하면 너는 계단 나는 단계라고 했지 사소한 걸음이 닿는 곳마다 저녁이었고 배가 고팠고 우리는 유령처럼 계단을 한 장씩 뜯어먹었다 식욕이 한 칸 한 칸

천천히 오르고 있었다

궤

一

가득 채웠니 물으면 나도 상자에 포함된 거 같다 물 좋은 광어와 숭어의 셈법으로 한 짝 두 짝 느릅나무 냄새가 난다

브레이크 타임입니다

오 초 동안 시엠송이 들리고 횟집 전광판에는 피임약 광고가 나온다 날것으로 이미 피임을 했고 틈틈이 마이보라는 필요하고 그런데 초밥은 왜 두 개씩 붙여 놓은 거야 몇 번을 살아도 단 한 번의 짝이다 네모난 것은 다 궤입니까 접시마다 담아 놓은 체위가 다르고 돌지 않으면 회전초밥이 아니지요

잠실교차로에 비가 내린다 물이 부풀고 번호표를 붙인 궤들은 차를 닮았고 먼저 가 하다가 멈춰 하다가 나란나란 하다 나는 가득 채울 거야 채워서 상자가 되어야지 죽기 싫은 나는 이미 죽었고 가끔 그럴 테니까

다시 전광판이 켜지고 궤짝에 앉아 있던 사람들이 들어간다 회전 레일이 움직이기 시작한다

一

제4부

a boaster

손으로 눈(雪)을 받았다 누군가 눈 속에 손금이 있다고 했다 금가루를 모아 비를 만들기로 했다 액체는 희석하기 좋아서 더 많은 금이라고 속여 팔 수 있다

삼십 년을 눈 때문에 살았다 언니도 오빠도 자기 눈이 더 많다고 자랑했다 오빠는 테라스가 있는 집을 샀는데 현관문에 눈꽃 무늬 커튼을 달았다

세탁기 뒤쪽에서 나는 엄마의 금을 훔쳤다 평생 모아 놓은 양인데 나보다 적다 내 병에 부어 섞었다 엄마의 퀭한 눈이 나를 바라보았다 힘없는 손을 뻗었는데 가져가라는 말인지 돌려 달라는 말인지 모르겠다 병 속에서 엄마의 가래 끓는 소리가 났다

엄마 손은 따뜻해서 빨리 녹아요 내 병에 넣었다가 덜어 줄게 내 거짓말은 자꾸 부풀어 올랐다 광장시장에 눈이 내리고 사람들은 손을 뻗어 금을 잡고 있었다

귀

一

오래 알던 사람이 요로결석으로 119에 실려 갔다는
올여름엔 전국적으로 폭우가 쏟아질 것이라는
동료가 어젯밤 염소탕 먹고 설사병이 났다는
출근 시간 장애인 시위로 종각역을 무정차한다는
오십 년 잉꼬부부 언니네가 졸혼했다는
초등 동기가 미주연합한인회 총회장이 됐다는
5단지 주공아파트가 재개발 확정이라는
동생네는 벌써 이사 준비 중이라는
이건 비밀이야 너만 알고 있어 내가 너만이 아니라는
시란 사람을 미워하는 가장 다정한 방식이라는
많은 지적질에 내 가슴엔 코르셋이 필요하다는
TV를 켜자마자 홈쇼핑에선 매진 임박이라는
조신한 남원댁과 어촌계장이 간밤에 초승달을 훼손했다는

이번 역은 잠실, 8호선으로 갈아타라는

二

*시란 사람을 미워하는 가장 다정한 방식이라는: 문보영.

옥상

처음부터 바닥이었을 거야 투명한 계단을 오른다 기울어 보는 것이다 난간부터 나의 표면은 시작이고 거기 시월보 다 겉늙은 낙엽이 시를 쓰고 있다

밤이 더 많다고 쓴다

어디로 갔는지 비둘기는 이따금 소식처럼 오고 나는 밟 아 보았다 그 위에 있는 것들을 그리고 잠깐 멈출 수 있는 지 물어본다 바닥을 찾는다

하얀 맨발이 단단한 너의 생각을 만난다 성큼 뛰어넘는 내 공부는 관념을 버리는 일이다 옥상이 많아 바빠진다 바 람은 팔을 등 뒤로 젖힌 채 그리운 곳을 긁지 못했다

밤이 그래도 많다고 썼다

우선멈춤

— 　차량 기지로 들어가는 열차는 성수역이 종점이다 잊은 물건 없이 내리라는 방송이 나오고 순종하는 자세로 차 안의 불은 꺼진다 몰래 저 어둠 속으로 들어가 종점까지 가보면 어떨까 내린 사람들이 다음 열차에 다 타지는 않았다 전보다 텅 빈 차 안을 보며 종점까지 숨은 사람들을 생각한다

　공황장애를 앓고 있는 열차
　병으로 스며든다
　지금 어딘가 숨지 않으면 죽을 수도 있다
　오래 생각하지 않기로 한다

　아까 내 앞에서 화장을 고치던 여자는 어디로 갔을까 가늘디가는 손가락이 서서히 앓다가 어디로 갔을까 이어폰을 낀 채 여덟 시 카테리니행 기차를 탔을까 밤이 되어도 돌아올 수 없는 곳으로

　좋은 밤 되세요 카톡이 말을 건다 명랑한 밤 되세요 나는 진심을 다해 대답한다

—

합(合)

  이중 분리된 생각을 섞어 본다 물리적으로 흔든다 팔짱을 끼고 팔꿈치를 잡아당기면 좀 흔들렸을까 아파, 흔들지 말라는 소리다

  넌 말하길 좋아하고 나는 무술을 좋아한다 네가 마침표 없이 늘어질 때 검술 궁술 둔갑술보다 날쌔다 그리고 왕십리에 가서 웃는다

  생각이 뼈만 남을 때까지 생각한다 뼈가 되어 뼛속의 밀도를 생각한다 내가 힘이 셀 때는 등이 넓어질 때 연두를 업으려 한다 넘겨짚지 않고 떼어 둔 기억을 밀어 넣는다 빚은 가능해질까

  오후엔 수의(壽衣)를 입어야 하므로 내게서 어떤 무한한 것이 나와야 하므로

  찰흙에 연두를 혼합해 휘파람새를 만든다 날개를 달아 주면 필연코 바람이 온다

환승

ㅡ

　무릎을 마주 보는 지하철에선 가슴에도 눈이 있다 잠실에서 같이 탄 앞자리 여자 1은 타자마자 콤팩트를 열고 화장을 시작한다 에어쿠션으로 얼굴을 토닥거리고 여지없이 얼굴을 때리는 일은 잠실나루역까지 강변역에선 부드러운 손목으로 눈썹을 그린다 아이섀도를 들고 위아래로 치뜨며 덕지덕지 바르고 구의역에서는 마스카라를 성수역 거의 도착쯤 볼터치를 한다 양 볼에 복사꽃이 핀다 뚝섬역에서는 앞사람 눈치 한번 보고 한양대역까지는 립라이너로 윤곽을 그리고 다음 구간까지 빨간 립스틱으로 앵두 한 알을 입에 문다 주섬주섬 화장 도구를 챙기더니 왕십리에서 내린다 잠실에서 탄 여자는 없고 여자 2가 내린다 나는 겨우 자세를 고치고 엿보던 앞가슴을 여미고 다음 역에서 하차 준비를 한다 상왕십리역에서 여자 1이 되어 내린다

ㅡ

나의 수베로사

블라인드를 내렸다 네가 잠들까 봐 나 잠든 사이 네가 깰까 봐 갸웃 까치발이다 꽃 없어도 꽃이 되는 너는 세상에서 제일 작은 시계초다 언니 포트 좀 내려줘 키도 작지만 손도 작다 조금밖에 줄 수 없는 널 엄지공주라 불렀다 운다, 운다, 운다 하면 울어 버리는 뜨개질 선수 굽 높이를 싫어했지 손이 닿지 않아도 바닥을 견디는 힘으로 언니, 나 왔어 창틀에 키 작은 네 머리띠는 보이지 않아 고개를 내밀면 실눈이 웃는, 울리지 않으면 늘 웃는 거기 시계초가 피었다

플라세보

一

　플라세보 나는 가짜를 파는 약사 죽은 이를 위한 기도야 주머니엔 라일락이 피어 있고 침을 흘리지 아첨하지 당신은 온전하고 거짓을 모르는 짝퉁이야 부스코판 몇 알을 다오 내 손이 약손이다 네 가슴을 쓸어내린다 허리 잘록한 모래가 흐르는 시간 넌 베르테르의 나비가 되지 죽음의 언덕을 돌아 다시 오지 플라세보 아무것도 가늠하지 말 것 신구약부터 낭만을 지나 모던까지 통점은 지식이다 졸음이고 신음이고 천 길 절벽이야 마분지를 걸치고 뼈에서 일어나 천천히 공중부양을 하는 거야 플라세보 노래하고 있니? 혼돈을 사랑하자 달이 달을 파먹는 증후군 치유자가 누군지 고백해 봐 두리번거리는 이빨은 꼬리표를 달지 말 것 허락된 위증이다 플라세보 난 거룩한 약사야 새빨간 사과를 먹는

一

피드백

　물에 던진 돌은 각을 버리고 불어 터져 수제비 뜨기에 좋
았지 나의 유년기는 이끼였지 늙지 않는 언덕이었지 조금
부풀고 끈적이고 말랑하게 향기롭고 신문을 보며 의혹을
찾는다 옆에 또 의혹 그 신문지를 반죽하여 그릇을 만들
테야 모서리가 없어 이끼를 담기 좋을 거야 늙을수록 파란
다이어트를 하며 재생되지 멈칫 테이블은 조금 빈 그릇이
고 그 그릇은 아직 완료되지 않았어

　수면에 엎드린 귓불 같은 수제비가 돌의 꼬리를 물고
　바람이 분다 흔들린다

터널

어둡다는 말은 당근 한입 베어 먹는 일이지 당연한 말은
하지 않아야 당연하지 퇴행성 터널을 지날 때마다 잃어버
린 실크 스카프가 생각나 찾고 싶어 묶지 않아 날아가 버
린 에르메스 스카프 굴곡진 터널은 척추가 휘어진 산의 내
장을 닮아 속도가 젖어 있다 아무 철학이나 마구 생기지
터널 끝을 묶으러 간다 스카프처럼 날아가니까 몸채 큰 산
엔 날개가 있으니까 어둡게 진입해서 반원의 낮으로 탈출
하는 백두대간은 기선 제압이 우선이지 야구공이 천장을
날기도 해 두개골이 갈라진 틈으로 숨었던 해가 까꿍 잃어
버린 내 스카프를 목에 걸치고 웃어

시집을 꺼내 밥을 먹었다

네 시에선 향기가 나 오드뚜왈렛 잔향을 내간체로 쓰면 혜경궁이 될까 홍씨가 아니라 황씨라서 좌표는 다르겠지 냄새는 필사본에서도 향기롭다 경전철이 지나간다 의정부는 멀수록 느리다

칠흑 같은 켄트지 위에 운명선으로 새우를 골라내 밥을 먹는다 손금은 닮았을까 누구를 사랑하든 식욕에는 상관없다 여러 시가 모여 여럿이 되었고 견디는 시만 견딘다 견디려 한다

세상에서 제일 편한 밥

거꾸로 또 거꾸로 두 바퀴를 돌아 한 바퀴로 먹는다

네 시는 맛있다

워크숍

—

　둘째 밤 정전이 되자 천장이 사라졌다 손가락들이 자라나고 목포에서 온 사람은 컴퓨터 바탕화면으로 사라지고 벽 모서리에 기댄 것도 같았다 멀미가 오래간다고 했다

　십자형 LED 전구가 천장 어디 있을 텐데 누군가 스위치를 찾아보자고 했다 출입문 바로 옆에 있을 거라고 누워서 손 닿는 곳에 있다고도 했다 아무도 문을 찾지 못했다 밤마다 뭔가 하나씩 없어지는 것 같았다 아래서부터 벽을 더듬다가 저쪽에 대고 거기 스위치 있어요?

　그냥 자는 게 좋겠다고 했다 대충 자자고 했다 화장실에 가려면 어쩌지 누가 물었는데 화장실은 거기 가만히 있으니 가면 된다고 했다 아무도 스위치를 찾지 못했고 손가락은 모두 짧아졌고 천장은 더 어두워질 예정이었다

　저녁 지나 아침이 되니 셋째 날이더라 일행 중 누군가 창세기를 암송했다 모두 잠들었는지 다닥다닥 밀도가 무성하다

—

2+1

  육칠이 포차 안주가 2+1입니다 칼집 넣은 돼지 다리에 고추장 소스를 발라 놓은 사진이 걸려 있다 다리 두 개를 시키면 하나를 덤으로 준다 대체 돼지 몇 마리가 있어야 불금인 오늘을 감당할 수 있을까 돼지들이 외다리로 북새통인 주방엔 사람들도 외다리로 요리를 하고 있다 중년 여자는 문턱에 걸친 다리 하나로 마늘을 까고 청년은 담배를 문 채 쓰레기통을 비우고 있다 이미 다리 하나는 분리수거 봉투에 집어넣고 힘주어 부피를 줄인다 겹경사라 한턱낸다는 외숙모는 턱이 두 개 육칠이 포차 안주를 9인분이나 시키고 무다리 하나를 치마에 감추었다 지폐 한 묶음 물고 있는 돼지꿈을 꾸었다던 종석이는 복권방에서 아직 오지 않고 우린 모두 입이 붉어졌다 맛있게 매운 뒷다리 두 개가 남아 포장을 했다 집에 있는 수육을 합쳐 아래층 수미네 먹여야겠다 골목을 나오니 서류 가방을 든 취객은 가로수에 다리 하나를 잃은 채 영역 표시를 하고

달력을 받아 오다

—

   용수철에 시간이 꼬여 있다 열두 송이 허파꽈리를 나누어 가졌어

   날밤을 새워도 아침으로 이동하는 날짜를 세는 건 잠이 아니다 밤이다 우측 깜빡이로 진입하는 팔월은 긴 시간으로 흘러간다 시간을 넘어 넘어지듯 달린다

   눈이 부신 동쪽을 백지라고 부르고 거기에 포도나무를 그렸다 가지에 붙은 가지들은 물이 오르고 여름이 뭉게뭉게 달리면 그 가지를 꺾기로 한다 약속이니까 그럭저럭 한 해가 가고 뒤로 넘긴 달력은 쓸데없이 사라지고 나는 종이의 하얀 기분을 읽는다

   그럴 수 있을까? 장례식장에서 검은 목소리로 생일 축하합니다를 떼창한다면 향 대신 축하 케이크에서 촛농이 흐른다면 검정 치마를 휙 돌려 허리를 리본으로 묶는 거지 떠난 사람이 도착하는 곳에서 환영 행사의 리허설이 한창일 때 벗어 놓은 신발은 다른 신발을 밟으며 대리운전을 부를까 여기 아무 데나 낑겨 자자 달력 한 칸 지우면 그만이니

—

그리고 안녕 잘 가 —

한바탕 검은 달력의 대체 휴일을 받아 돌아온다

가시엉겅퀴

ㅡ

유배당했다는 소문을 들었다
척신이 되지 못해 재빨리 죽었다고
부풀기 전에 죽었다고

나를 조심하지 말아요 그냥 밥만 해 줘요 손가락이 베이면
피가 엉키게 할게요

나는 울었다
네가 죽은 줄 알았다
새벽 다섯 시에 생수를 마시고

측근(側近) 닮은 분홍 수의
나의 거짓말하는 사람아
어쩌고저쩌고 너는 늘어지는 맛이 있다

사람들이 모인다 여기서 뭘 하려는 거지
믿을 수 없어 갔다가 또 온다 설마 가시가 거짓말을 하겠
습니까
제 살을 찌른다 복숭아밭을 지나

ㅡ

우리는 모두 밤이다 —

너는 담벼락까지만 다다랐고
취소되기 직전이다

—

미필적 호명

一

　해 지는 쪽으로 오라 거기 끝에는 네가 있고 널 만나기 위해 네가 와야 한다 너의 오른 손등을 감쌀 왼손은 비워 두었다

　해 지는 쪽으로 오라 바스러진 이파리들은 모두 바람의 것 빼곡히 눌러놓은 문장이 일어서고 풀이 되는 너의 언덕으로 나는 돌아눕지 않았다 네가 도착하는 시간은 아직 어둡지 않아

　살아지지 않는 날에
　사라지지 않는 날에

一

부유하는 기호들

오민석(시인, 문학평론가)

1.

언어가 무엇을 지시한다는 믿음은 이미 오래전에 깨졌다. 바벨탑은 하늘에 오르지 못했다. 그런데도 사람들은 언어로 무언가를 재현하려 애쓴다. 언어 이전에 메시지가 있고 언어가 그것을 재현하는 훌륭한 수단이라는 낡은 명제는 낡은 사유 안에서는 절대 깨지지 않는다. 그것은 그 안에서 통속적인 진리 효과를 갖는다. 재현에 대한 절대적 믿음을 가지고 치열하게 시를 쓰다가 글이, 언어가, 기호가 포착할 수 있는 것이 아무것도 없음에 절망하는 시인들도 있다. 그런 시인들은 그나마 정직하다.

영리한 시인이라면 언어의 지시적 기능에서 애초에 자유로울 필요가 있다. 그런 것은 처음부터 없으므로 언어가 어떻게 사물의 외곽에서 사물에 경쾌하게 붓질하는지, 언어가 그런 게임을 통하여 어떻게 사물과는 다른 '사물적인' 세계를 만들어 내는지 경험하는 일은 매우 유효한 일이다.

황려시 시인은 애초에 재현의 수사학을 버린다. 그는 처음부터 메시지의 효과적 전달 수단으로서의 언어 개념을 신뢰하지 않는다. 그는 재현할 수 없는 것을 재현하려 애쓰지 않고, 전달할 수 없는 것을 전달하려 수고하지 않으며, 언어가 사물의 주위에서 어떻게 춤을 추며 또 하나의 세계를 만들어 낼 수 있는지를 보여 준다.

새를 위해서 팔을 뻗으며 새를 위해서 흔들리며 다만 새를 하늘로 던지며 그 자리에 서 있다 서성인다

뛰어내려라

겁 많은 새를 위해서 고마움을 조금 모르는 새를 위해서 유모차를 끌고 그늘로 모이는 사람들

이파리 하나가 해의 턱선을 가리고 양팔을 접고 있다 눈 뜨고 자던 바람도 새를 위해서 그냥 새만을 위해서 더 큰 나무에 갇히고

나무는 두리번거리며 날개처럼 퍼드득거리며 잠든 새를 찾는다 어두워서 더 커지는 숲

숲은 새 속으로 사라진다

—「가래나무」 전문

위 시의 제목 "가래나무"는 다른 어떤 나무의 이름으로 대체해도 상관없다. 가령 호두나무, 벚나무, 밤나무, 가문비나무 등 어떤 나무 이름이 들어가도 위 시의 단어들이 모여 이루어 내는 풍경은 크게 달라지지 않는다. 시인은 제목에서부터 그것의 지시성을 완전히 무시하고 뭉갠다. 첫 연도 나무가 "새를 위해서" 실제로 팔을 뻗고, 흔들리고, 새를 던지거나, 서 있거나 서성이는지는 별로 중요하지 않다. 시인은 그저 나무와 새를 설정하고 나무가 멈추어 있다가 바람 불어 흔들리는 모습을 새를 향한 동작으로 코드화하고 있을 뿐이다. 둘째 연의 "뛰어내려라"는 명령도 정작 그 명령의 대상에게는 아무런 일을 하지 않는다. 이 명령을 통해 독자들의 시선이 나무 위에서 나무 아래로 뛰어내려질(옮겨질) 뿐이다. 그리하여 나무 아래 "유모차를 끌고 그늘로 모이는 사람들"의 모습이 보이게 된다. 나무와 새와 바람과 나무 그늘 밑의 사람들은 이런 과정을 거쳐 하나의 작고 고요하고 평화로운 풍경이 된다. 넷째 연도 바람이 잔잔해진 나무와 그것을 비추는 해의 모습을 그리고 있다. 다섯째 연은 그 조용한 나뭇잎 속에서 "퍼드득거리며 잠든" 새의 모습을 보여 준다. 문장대로 나무가 "두리번거리며" 그 새를 찾는지 아닌지의 여부는 전혀 중요하지 않다. 그 모습은 새와 숲 사이의 활발한 소통 혹은 내응 정도의 모습으로 읽으면 된다. 마지막 연을 어순을 바꾸어 '새는 숲속으로 사라진다'라고 거꾸로 써도 크게 문제 될 게 없다. 시인은 다만 "숲은 새 속으로 사라진다"고 말함으로써 새와 숲의 자리를 전치(轉置)하고 있을 뿐이다. 새가 파고들어 가 잠을 청한 숲이 오히려 새 속으로 사라지는 풍경은 새와 숲 사이의 완전한 섞임, 하나가 되는 그림을 보여 준다.

위 시는 전달하고자 하는 특별한 메시지가 없다. 문학이 무언가를 전해야 하며 말해야 하고 설득해야 한다는 메시지 강박증에서 위 시는 완전히 자유롭다. 이 시엔 메시지를 전하기 위해 안절부절못하는 제스처가 거의 없다. 위 작품은 미풍에 흔들리는 초록 잎새들과 햇빛과 바람, 그것에 파고드는 새들의 모습을 그린 한 편의 풍경이다. 이것은 그림 같아서 여기에서 무슨 고정된 의미를 찾으려 애쓸 필요가 없다. 이 시에서 메시지를 찾는 것은 없는 것을 찾아 헤매는 것과 같다. 황려시 시인은 자신의 시에서 의미나 메시지가 아니라 '시적인 것(the poetic)'을 느끼라고 권유한다. 의미를 고정할 수 없는 음악이나 미술 작품처럼 황려시의 시는 어떤 분위기, 어떤 상태, 어떤 풍경을 보여 줄 뿐이다. 그 안에서 의미를 만들고 싶다면 그것은 전적으로 독자의 몫이다. 독자가 의미를 만들 때조차도 시인이 사전에 정해 놓은 루트는 없다. 황려시는 기호가 그런 식으로 의미를 고정할 수 없다는 사실을 미리 인지·인정하고 기호를 그림 같은 풍경으로 자유롭게 풀어놓는다.

숭어는 우리 집 강아지 이름입니다 어미 개 붕어가 낳았습니다 우리 개는 말띠입니다 백말띠 그해 첫새벽에 낳았습니

다 숭어는 이력서를 읽을 수 없고

　난 붕어의 경력을 모릅니다 횟집에서 숭어야 붕어야 부르면 배시시 구름 같은 털이 내게 안깁니다

　개가 나와야 하는데…… 장마당에서 윷을 던지며 붕어 숭어 외치고 엉덩이를 탁 치면 반드시 원하는 대로 됩니다 두 마리 말을 업고 말판을 달립니다

—「자소서」 부분

　기호가 언어 외적인 대상에 대해서 지시성을 갖지 못하는 것은 기표와 기의 사이의 관계가 자의적이기 때문이다. 기호의 의미는 언어 외적인 세계와의 관계가 아니라 언어 체계 내부에서 다른 기호와의 관계와 차이에 의해 결정되며 동시에 지연된다. "숭어"나 "붕어" 같은 기표들이 항상 '물고기'라는 기의를 갖는 것은 아니다. 그것들이 '강아지'라는 기의에 눌어붙을 때, 그것들은 "강아지"가 되고, 다시 "강아지"라는 기표는 '말'이라는 기의와 짝을 지어 윷판의 "말"이 된다. 기표와 기의는 고정된 의미의 짝패가 아니라 유동하는 두 개의 층이다. 그것들은 서로 부유하다 우연히 만나 잠시 짝을 이룰 뿐이다. 언제두 물고기는 개가 되고, 개는 말이 될 수 있다. 부유하는 두 개의 층은 의미의 안정이 아니라 의미의 끊임없는 해체를 가져온다. 그런 기호로 사물을, 세계를 고정할 수 없다.

유동하는 것은 대상 혹은 세계만이 아니다. (상징계 안에서는) 주체도 기호의 형태로 존재하므로 안정된 주체의 개념 역시 설정할 수가 없다. 코기토(cogito)는 매개로서의 언어를 사유에서 뺀 근대주의자들의 환상일 뿐이다. 주체는 자신이 없는 곳에, 자신이 끊임없이 다른 주체로 변화하고 있는 자리에 존재한다.

잔다는 말과 잤다는 말이 종일 따라다녔다 가령으로 시작하지 않는 현재형은 가설이 아니다 넓고 그윽하다 동굴의 언어는 그렇게 시작되었다 여귀꽃처럼 담백해지리라 나는 소모되어 활성화될 예정이다 아이스크림은 점점 녹는데 과거는 언제나 감질난다 불투명하게 철거민의 음성으로 변론한다 잤다고 또 잤다고 자고 또 잤다고 시제(時制)를 따지는 사람은 말이 많다 밤의 허기를 채워 줄 잠은 되도록 어둡고 깊어서 먹히고 먹는다 그렇지 식욕의 과거형으로 잤다고 하면 된다

나는 소진되고 바람이 조금 지나갔으나
—「때매김」 전문

시간과 기호와 주체는 서로 뒤섞여 있다. "동굴의 언어"는 "넓고 그윽"해서 현재와 과거의 "때매김"이 확실하게 구분되지 않는다. "잠"이 "어둡고 깊어서 먹히고 먹는" 것처럼 시간은 시간을 먹고 먹힌다. "잔다는 말과 잤다는 말"

사이의 경계는 늘 흐려져 있다. 그것을 따지고 논하는 주체 역시 고정되어 있지 않다. 주체는 계속 "소모"되며, 그것이 주체가 "활성화"되는 길이다. 주체의 속성이 소모와 변화와 유동이기 때문이다. 화자는 자신이 "소진"된다고 고백하는데, "소진"되는 것은 주체만이 아니다. 시간의 기호들도 소진된다. 현재는 과거로 과거는 다른 과거로 "먹히고 먹는다". 그것을 화자는 "식욕의 과거형"이라 부른다.

> 내가 너 되어 보는 것 서서 오줌을 누고 꼬리에 또 꼬리를 달고 죄송합니다 담뱃불 좀, 이를테면 730일을 일 년으로 청춘이 되어 보는 것 아브라함 나이에 애비가 되고 시외버스를 타고 시청 갑니까 낯선 곳으로 방향을 잡아 보는 것 이를테면 못 찾겠다 꾀꼬리 자발적 고독에 들어가는 것 야, 타, 콧대를 세우고 친구야 이왕이면 팔당대교나 건너 보자 우리 티티새처럼 옷을 다르게 입고 미아를 찾아보자 벌써 어른이 된 네가 양수리 카페에 앉아 있을 거야 이를테면 뜬금없이 개똥지빠귀
>
> —「이를테면」 전문

"이를테면"이라는 조건 부사어는 가정이 아니라 기호의 현실을 설명한다. 기호 체계 안에서 '나'는 언제나 '너'가 될 수 있고 그 역도 마찬가지이다. '나'의 '나'는 '너'의 '너'이다. 기호가 가정하는 모든 것은 언제든 현실이 될 수 있다. 모든 기호의 지시성은 뿌리 뽑혀 있다. "내가 너 되어 보는 것"과 '내'가 "아브라함"이 되는 것은 일도 아니다.

'나'라는 기표는 언제든 '내'가 아닌 무수히 다른 '기의'들을 가질 수 있다. '나'는 그것이 가질 수 있는 기의만큼 분열되어 있고 소진되고 있는 주체이다. '나'는 안정된 지시 대상을 가지고 있지 않다. 기호 체계 안에서 그런 '나'는 없다. 오직 부재하는 '나'만이 존재한다. '나'는 '너'였다가, "청춘"이었다가, "아브라함"이었다가, "꾀꼬리"였다가, "티티새"였다가, "뜬금없이 개똥지빠귀"일 수 있다. 기호들은 오로지 이름일 뿐이다. 하나의 이름은 무수한 기의를 가지고 있다. 분열되지 않은 이름이란 없다.

　해 지는 쪽으로 오라 거기 끝에는 네가 있고 널 만나기 위해 네가 와야 한다 너의 오른 손등을 감쌀 왼손은 비워 두었다

　해 지는 쪽으로 오라 바스러진 이파리들은 모두 바람의 것 빼곡히 눌러놓은 문장이 일어서고 풀이 되는 너의 언덕으로 나는 돌아눕지 않았다 네가 도착하는 시간은 아직 어둡지 않아

　살아지지 않는 날에
　사라지지 않는 날에
—「미필적 호명」 전문

"거기 끝에는 네가 있"는데 왜 "널 만나기 위해 네가" 그곳에 "와야" 할까. 이 문장에 등장하는 세 개의 '너'는 각기 다른 '너', 혹은 분열된 '너들'이다. 기호 체계 안에서 모든

호명은 비지시적이다. 이름(기표)은 그 안에 확실한 한 개의 개념(기의)이 아니라 무한대의 개념을 갖는다. 그러므로 모든 이름은 "미필적"일 수 밖에 없다. 기표와 기의의 관계를 지배하는 것은 필연성이 아니라 자의성(arbitrariness)이기 때문이다. 그러니 '너'를 만나기 위해 '네'가 있는 그곳에 '네'가 와야 하는 일이 얼마든지 생길 수 있다. "살아지지 않는 날"이 "사라지지 않는 날"로 얼마든지 환치될 수 있는 것과 같은 이치이다.

3.

프로이트에 의하면 꿈은 응축(condensation)과 전치(displacement)의 두 가지 원리에 의해 만들어진다. 라캉은 로만 야콥슨의 은유/환유 이론을 빌려 프로이트의 응축과 전치를 은유와 환유의 개념으로 바꾸어 버린다. 로만 야콥슨에게 있어서 은유와 환유가 수사법을 넘어 문장의 생성 원리를 의미하는 것이니만큼, 라캉이 프로이트의 응축/전치의 개념을 은유/환유로 대체한 것은 단순한 말장난이 아니다. 꿈이 은유와 환유로 구성된다는 말은 무의식조차도 언어적으로 구성되어 있다는 말에 다름 아니다. 그리고 이 말을 다시 바꾸면 언어의 구성 방식 역시 무의식의 구성 원리와 유사하다는 말이 된다.

황려시는 기호와 기호들 사이의 응축과 전치(자리 바꾸기) 혹은 은유와 환유의 작동 방식을 시 쓰기로 보여 준다. 앞에서 말했듯이 그가 보여 주는 것은 동시에 무의식의 작동 방식이기도 하다.

> 쪼매만한 박쥐를 만들 수 있다 종이접기로
> 방은 온통 천장에 붙어 있지
> 테라스가 흔들리고 다리 하나를 전선에 걸치고
> 바닥이 날기도 한다 비막이니까
> 소리가 먼저 늙은 귀뚜라미는 보일러 안에서 보일러가 되고
> 물 바닥에 알을 품던 강아지와 차 끓이던 박쥐가 그물을 차
> 고 오른다
> 시가 나를 쓴다 바닥이란 제목으로
> ──「서로 다른 두 개를 하나로 쓰면 어떨까」 부분

이 작품 안에선 응축과 전치가, 은유와 환유가 무의식처럼 작동한다. "박쥐"가 "방"으로 전치되어 "천장에 붙어" 있는 모습은 무의식에서나 가능한 일이다. "바닥"이 "박쥐"처럼 "다리 하나를 전선에 걸치고" "날기도 한다". "귀뚜라미는 보일러 안에서 보일러가 되고" 같은 문장에선 (한국의 유명 보일러 브랜드 중의 하나가 '귀뚜라미'인 것을 염두에 두면) 은유와 환유가 동시에 일어나고 있다. 무의식 안에선 "물 바닥에 알을 품던 강아지와 차 끓이던 박쥐" 같은 일이 얼마든지 일어날 수 있다. 이 모든 무의식적 은유와 환유를 나열한 후에 화자는 "시가 나를 쓴다"고 고백한다. 이 문장 역시 기표 "시"의 기의와 기표 "나"의 기의를 무엇으로 설정하느냐에 따라 말장난이 아니라 얼마든지

'현실'이 될 수 있다. 제목처럼 "서로 다른 두 개를" 바꿔치기(전치/환유)하거나 합치면(응축/은유), "하나로 쓰면 어떨까"라는 질문은 가정이 아니라 기호의 현실, 무의식의 현실을 가리키는 문장이 된다. 시인은 가정법을 사용해 현실을 현실로 보여 주고 있다.

케이크를 샀다 샛크림은 언제나 유익하지 양초가 울었다 울적하면 달달한 것과 수작한다

식탁엔 금국이 피고 샛강이 흐르고 걸터앉는 습관으로 나는 풍경이 된다 손톱을 깎으며 붉은 낙타에게 가고 싶어 모래의 약도를 짐작하고 밤은 날마다 범이 된다

케이크를 수저로 떠먹는 사람들이 모였다 그도 왔다 그를 볼 때마다 잘 박힌 못이 생각난다 그는 울기 전에 살짝 웃는데 사막 같다

인심 쓰는 척 참작할게 그가 말했다 케이크를 담고 크림 묻은 수저를 긁으면 사락사락 귀 없는 접시가 웃다가 다시 명때린다 할 말께나 많은 나는 웃을밖에

—「수작 진작 참작」 전문

이 작품은 "케이크"가 중심이 되는 날(아마도 생일) 사람들 사이의 가벼운 모임을 그리고 있다. 마치 에드워드 호퍼

의 그림 「나이트호크(Nighthawks)」처럼 이 시는 그 어떤 것도 주장하지 않는다. 밤이 늦은 시간에 레스토랑에 앉아 있는 사람들의 모습을 아무런 설명 없이 커다란 통창으로 그저 보여 주는 호퍼의 그림처럼 이 시는 기념할 만한 일이 있는 날 케이크를 나누는 사람들의 모습을 가벼이 보여 줄 뿐이다. 호퍼의 그림처럼 이 시는 그 어떤 주장도 메시지도 강요하지 않는다. 이 시 속엔 어떤 확고한 의미가 아니라 '시적인 것', 그림으로 치면 '(그림 같은) 어떤 분위기'만 있을 뿐이다. 황려시는 메시지의 수사학을 신뢰하지 않으므로 기호를 물감처럼 뿌리거나 소리처럼 흘려서 예술적인 어떤 분위기만을 생성해 낸다. (생일 파티라는) 일상적인 서사는 "수작 짐작 참작"이라는 세 개의 기호가 환유적으로 앞엣것을 계속 이어 대체하면서 진전된다. 화자는 그들의 "식탁"에 "금국"과 "샛강"을 그려 넣고, 마음속으로는 "붉은 낙타"가 있는 "사막"을 떠올린다. "밤"은 음성적 유사성의 차원에서 "범"으로 은유된다.

황려시의 시가 독특한 것은 이렇게 무의식의 흐름을 무의식의 언어로 그려 내는 방식 때문이다. 그는 애초에 언어와 개념과 사유의 로고스를 신뢰하지 않는다. 세계는 질서 정연한 인과율로 움직이지 않는다. 질서는 아버지의 법칙(Father's Law)이 상징계에 강요하는 명령일 뿐이다. 기표들은 계속해서 가까이에 있는 것과 자리를 바꾸거나(인접성의 원리 = 전치 = 환유) 서로 다른 것들을 (그 사이에 있는 닮은 것들을 찾아내서) 하나로 합친다(유사성의 원리 = 응축 = 은유). 황려시의 시들은 한마디로 언어의 무의식, 무의식의 언어에 충실한 시들이다. 이런 열쇠를 가지고 황려시의 시들을 읽으면 그 외피에서 보이는 난감하고 복잡하며 난해한 미로의 지도가 보일 것이다. '내'가 '네'가 되고, '네'가 '박쥐'가 되고, '밤'이 '범'이 되고, '사막'이 '강물'이 되며, '밤'이 '방'이 되는 것은 난해한 일이 아니라 (무의식과 기호의 세계에선) 일상이다. 그러면 "둥근 소리들이 가까이 다가가 눈으로 입술을 더듬는다"와 같은 문장도 이해가 갈 것이다(「신발이 수상하다」). 황려시에게 일상은 로고스가 아니다. 그에게 일상은 은유이고 환유이며 무의식이다. 황려시는 바로 그런 일상의 풍경들을 그림처럼 그리고 있다. 그 그림들에선 파면 팔수록 다양하고 깊은 미로가 리좀(rhizome)처럼 펼쳐진다.